海峡出版发行集团 福建科学技术出版社

家装精品快递
HOME DESIGN MASTERPIECES
时尚简约风

叶斌◎编著

林皎皎　肖海有　刘小芳◎配文

U0248536

海峡出版发行集团
THE STRAITS PUBLISHING & DISTRIBUTING GROUP

福建科学技术出版社
FUJIAN SCIENCE & TECHNOLOGY PUBLISHING HOUSE

001

001 爵士白大理石和白色布艺沙发的搭配，与灰色的空间背景达成了一种和谐，天然的纹理细腻柔和，为素雅的空间增添了几分亮点。

002 设计师选用深色马赛克地毯与黑色家具及陈设进行呼应，降低了米白色空间的整体明度，空间更显沉稳大气。

003 橘红色的沙发在白色空间中格外醒目，瞬间激发了整个空间的活力因子，不失为年轻人彰显自我个性的精彩表达。

002

003

❶ 爵士白大理石

❷ 马赛克地毯

❸ 白色乳胶漆

❹ 花纹壁纸

❺ 砖纹壁纸

❻ 枫木饰面板

004

005

004 白色木线条的框边使繁杂的花纹壁纸瞬间安静下来，搭配精致的水晶吊灯，彰显沉稳典雅的欧式格调。

006 沙发背景墙上暗藏不规则的灯带，加上几个小饰品的点缀，使得枫木饰面板装饰的墙面更具立体感。一张红色沙发的点缀彰显了现代年轻人对个性的追求。

005 白色砖纹壁纸的运用，使细腻淡雅的原木色空间多了一些粗犷气质，呈现出主人向往自然的生活态度；时钟以投影方式出现更显得别出心裁。

006

007

008

007 白色吊顶以不规则的切割方式，打破了传统的空间构成形式，带来别样的感受。沙发背景墙嵌入玻璃马赛克构成了竖向条纹，拉伸了空间的高度感。

008 整体衣柜的设计既满足了主人的收纳需求，也有着娱乐休闲的功能。几缕暖色灯光的点缀，为黑胡桃木饰面板增添了些许光泽。

009 多边形的空间大面积地采用竖条纹壁纸，空间宽敞大气并且极富特色。圆床上咖啡色与白色的交融，散发出如牛奶咖啡般舒适与静谧的气息。

010 大面积使用条纹壁纸铺贴墙面的卧室空间中，柔软的毛绒地毯打破了黑、白、灰的冷硬感，为空间增添了温馨与浪漫。

009

010

❶玻璃马赛克　❷黑胡桃木饰面板　❸竖条纹壁纸　❹咖啡色硬包　❺绒布软包　❻灰色乳胶漆　❼肌理壁纸

011 光滑的石材与柔软的布艺软包遥相对望，相似的灰色调与相同的茶镜边框，使统一远远超过了对比，把空间紧密地联系在一起。

012 吊顶没有复杂的造型，也没有华丽的水晶吊灯，赋予空间更多轻松与通透。一款黑色的落地灯满足局部照明需求的同时也成为了视线的焦点。

013 花朵在墙面上蔓延着，在灯光下呈现出精致的肌理变化。在这个温馨浪漫的卧室中，黑白挂画在银色边框映衬下成为一个装饰亮点。

011

012

013

014

015

014 爵士白大理石墙面宛如一幅淡雅水墨画,奠定了空间的人文背景;嵌入式的黑色电视机则成为了装点空间的一幅图画。

016 在灰色调的几何空间中,圆形的吊顶与圆床上下呼应,使简单的空间瞬间变得有层次,符合现代年轻人对时尚的追求。

015 没有复杂的装饰,球形吊灯映射出的花朵被几圈纤细的线条包围着,像一幅优美的图画静静述说着空间的优雅气质。

016

❶ 爵士白大理石　❷ 花纹壁纸　❸ 灰色乳胶漆　❹ 茶镜　❺ 枫木实木地板　❻ 肌理壁纸

017

017　床头背景墙上，采用了树叶纹的软包图案别出心裁，与相同色系的茶镜相互映衬，在灯光下增添了一份时尚感。

018　不规则的黑白豹纹地毯是空间中的一个点睛之笔，使得平淡的空间瞬间变得活泼起来，彰显主人的独特品位。

019　天然木皮的条纹肌理与肌理壁纸的横向线条，完美地融合在一起。几只抽象的白色小鸟点缀其中，使原本简单的墙面变得丰富起来。

018

019

020

020　蓝色与米色的搭配营造了浪漫的空间氛围，天花板上勾勒的曲线轮廓搭配墨蓝色的星空装扮，引发孩子们的无限遐想。

022　米色软包在白色边框中形成富有立体感的肌理，搭配精雕细琢的欧式家具，空间流露出高贵的气息。

021　宽敞的卫生间分区明确，白色吊顶的起伏变化给人以独特的几何构成感受，成为空间的设计精髓所在。

021

022

❶ 条纹壁纸　　❷ 不规则吊顶　　❸ 米色软包　　❹ 实木拼花地板　　❺ 花纹壁纸　　❻ 卡拉拉白大理石　　❼ 黄色肌理漆

023

024

023 深浅不一的小块实木地板拼贴看似随意又和谐统一，让原本简单的空间变得丰富活跃。暖黄色灯光的映射，注入淡淡的暖意和轻松气氛。

024 浅色壁纸上浪漫的花朵规则排列，奠定了空间高贵典雅的基调。床头背景墙上略带粗糙的硅藻泥墙面增加环保性的同时也丰富了空间的层次感。

025 卡拉拉白大理石以天然的纹理呈现出水墨画般的质感，而黑镜切割出的线条又赋予空间时尚的感受，传统与现代完美交融在一起。

026 时尚的白色沙发在深色的地板上显得特别的耀眼，彰显着主人的品位与气质；墙面黑白画的装饰具有很好的空间呼应效果。

025

026

027

028

027 米黄大理石与茶镜线条的搭配，使内嵌设计的电视呈现出装饰画般的效果，搭配深木色餐边柜，使淡雅的空间同时获得视觉与味觉的完美体验。

028 条状黑镜分隔空间的同时也映射了整个空间，隐隐约约的映像在灯光下更具梦幻色彩，丰富了空间的层次感。

029 电视背景墙上一大块茶镜的运用增添了空间的趣味性，也使得淡雅的米色空间瞬间变得沉稳富有个性。

029

❶ 米黄大理石　　❷ 黑镜　　❸ 茶镜　　❹ 米色玻化砖　　❺ 肌理壁纸　　❻ 爵士白大理石

030

030 灰色地毯上不规则的黑色枝条图案，与干净纯粹的天花板形成了鲜明的对比，空间层次丰富却又不显杂乱。

031 白色搁板的应用既不占用有限的空间，又具有很好的装饰效果。一幅色彩艳丽的装饰画点缀其上，给卧室增添了活跃、温馨的气氛。

032 抛弃了传统的大吊灯，天花板上两条暗藏筒灯的黑镜满足照明需求的同时，又极富装饰性，使空间具有超酷的时尚感。

031

032

033 背景墙展现了不一样的收纳方式，整个柜体犹如悬空而起，并与卧室门相互呼应，以竖向线条拉伸了空间高度。

035 石材边框和浪漫的花纹壁纸，打造了复古典雅的欧式空间。电视背景墙上大面积运用光亮的车边清镜，投射出水晶吊灯的身影，更显空间迷人的魅力。

034 纯白无瑕的墙面处理，搭配深色家具，产生黑与白的强烈对比，这是一种极具现代感的装饰潮流。

❶ 灰色肌理漆　　❷ 黑镜　　❸ 大理石波打线　　❹ 肌理壁纸　　❺ 仿古实木地板　　❻ 咖啡色硬包

036

036 肌理壁纸的横向纹理有效地延伸了空间的深度，醒目的黑白挂画则拉伸了空间的高度，从而在视觉上放大了整个空间。

038 间距不等的线条在电视背景墙上打造出独特的韵律美，在灯光照射下更增添了灵动感。

037 没有华丽的装饰，只是一个温馨简洁的休息空间，仿古实木地板的自然纹理就是最美的装饰。

037

038

039

040

041

039 电视背景墙上，大理石、玻璃马赛克、透明玻璃等不同材质以大小不一的块面，形成对比与呼应，成为客厅的一大亮点。

040 代表着"渊源共生，和谐共融"的"祥云"图案大面积运用在空间中，美感自然而生，同时为现代空间注入了传统气息。

041 沙发背景墙上装饰性极强的艺术黑镜形成带状装饰，拉伸了空间深度，白色花纹犹如抽象的树干为空间增添了活力。

■ 主 要 装 饰 材 料

❶ 玻璃马赛克　　❷ 花纹壁纸　　❸ 艺术黑镜　　❹ 白橡木饰面板　　❺ 仿古砖　　❻ 花纹壁纸

042 如果木纹是自然的象征，随意的镂空就是自由、活力的体现，沙发背景墙面独特的线条处理赋予空间强烈的动感。

043 墙面的黑白挂画就是空间风格的诠释，经典的色调搭配使空间沉稳内敛又不失强烈的现代美感。

044 白色吊顶以多层线脚呼应精致的水晶吊灯，素色墙面呈现出精致的花纹肌理，空间充满着欧式风格的典雅与华丽。

045

045 旋转楼梯的点缀使以生硬的直线为主导元素的空间增添了圆润的感觉，几条白色木条交错着，成为客厅的一处景致。

047 层次丰富的圆形吊顶有着强烈的张力，成为视觉焦点；现代艺术吊灯的独特造型丰富了空间细节。

046 仿古实木地板没有冰冷的外表，散发的是温暖的气息；印花壁纸赋予空间清新、柔美的氛围；一花一木，为室内增添的皆是自然与活力。

046

047

❶ 米色玻化砖　❷ 仿古实木地板　❸ 木纹地砖　❹ 灰镜　❺ 实木地板　❻ 实木拼花地板　❼ 黑色金属边框

048 简洁的壁纸搭配剔透的灰镜，除去华丽的装饰，只要几根线条就让空间呈现出简约的格调。

049 以整面墙打造书架，既具有收纳功能又不失装饰效果，规整的格局营造了良好的生活氛围。

050 简洁的斜吊顶增添了空间的趣味性，暖色光带的装饰给空间带来了温馨、静谧的感受，符合当代年轻人的审美需求。

051 黑色金属边框使玻化砖拼贴出的纹理变成了一幅幅书写自然的画卷，几只装饰小鸟的点缀更添灵动效果。

048

049

050

051

052

053

052 卧室中优雅的暖黄色搭配纯净的白色，凸显空间的温馨舒适，进入其中能使人摆脱劳累、放松身心。

053 白色的护墙板上精致的线脚，搭配暖色系的花纹壁纸，还有圆形的上下呼应，共同打造了典雅的卧室空间。

054 橙色烤漆玻璃装饰了整面沙发背景墙，宛如晶莹剔透的水晶，映射了整个客厅，使其显得宽敞明亮。

054

■ 主要装饰材料

 ❶ 花纹壁纸　 ❷ 实木拼花地板　 ❸ 烤漆玻璃　 ❹ 柚木实木地板　 ❺ 灰色硬包　 ❻ 仿古砖

055

055 设计师以纵横不一的方式将墙面分成多个整齐排列的块面，并以线条的层次感丰富了块面的边缘，空间极具韵律感。

057 挑高的两层空间以整面书架统一起来，大面积镜面的反射拉伸了空间宽度，平衡了空间感。

056 黑白灰的完美搭配，尤显空间的沉稳与静谧。赤红的挂画打破了空间的沉寂，活跃了气氛，增添了活力。

056

057

家装精品快递 / 时尚简约风
IAZHUANG JINGPIN KUAIDI / SHISHANG JIANYUE FENG

058 白色为主色调的空间中，电视背景墙的手绘花枝犹如在风中飘荡，成为客厅中的一道风景，充满生机，暖意盎然。

059 洁白的墙面没有多余的装饰，黑色皮沙发与深色实木地板把视线向下引导，使空间显得沉稳与厚重。

060 白色的枝形吊灯宛如精美的装饰品，将空间的浪漫格调更加淋漓尽致地表现出来，尽显空间的温馨静雅。

❶ 手绘花纹

❷ 实木地板

❸ 灰色墙砖

❹ 硬包

❺ 爵士白大理石

❻ 雪弗板镂空花格

061

062

061 从繁多装饰品中凸显出来的是洁白厚实的床，搭配大小不一的靠枕，静谧的色彩衬托得空间更为高贵典雅。

063 沙发背景墙的雪弗板镂空花格造型给人无限遐想，犹如窗帘外隐藏着一个神秘广阔的世界，又如风拂过海面掀起的层层波浪。

062 花纹细腻的金色壁纸呈现出唯美与温馨，打造了华丽的空间氛围；两幅现代风格黑白挂画的点缀不经意间流露出主人的沉稳性格。

063

064

065

064 红橡木陈列柜既有收纳功能，又满足了装饰的要求。天然的纹理为白色空间增添了一丝暖意，整体色调平静而不苍白。

065 线的分割在空间体现得淋漓尽致，从墙面到茶几，从陈列柜到落地灯，看似零碎的切割其实组合起来颇具整体感。

066 简约时尚的黑白灰空间里，实木拼花地板给予一种视错觉的形式美感，增添了室内的趣味性，丰富了空间的层次。

067 从地面到吊顶装饰，空间尽显奢华之风。沙发背景墙面的纱帘如同一泻而下的瀑布，给予空间自由的感受。

066

067

❶ 红橡木饰面板　❷ 灰色玻化砖　❸ 实木拼花地板　❹ 雪弗板镂空雕花　❺ 米黄洞石　❻ 雪弗板镂空雕花　❼ 大理石

068

068 墙面的米黄洞石，地面的实木地板，还有灯具、挂画等，以相似的米黄色作为空间色彩的点缀，表达出温暖、大气的装饰效果。

070 方正整齐的空间里没有复杂的线脚，只有暖黄色的灯光从吊顶处映射出来，为黑白空间增添了温暖的气息。

069 两个墙面都以规则的镂空雕花进行装饰，一褐一白、一细腻一大方，形成对比的同时也为空间增添了强烈的视觉冲击力。

069

070

071 宽敞大气的空间没有将各功能区硬性分隔，各种复古的装饰元素同时映入眼帘，呈现出华丽的效果。

072 灰色为主色调诠释了空间的沉稳与理性，白色瓷瓶和绿色植物的点缀强调了生机勃勃的力量，增添了空间活力，放松了主人的心情。

073 光亮时尚的玻璃马赛克搭配质感清晰的皮革作为墙面装饰，强烈的材质对比是空间设计中的一大亮点。

❶ 黑金花大理石　❷ 灰色玻化砖　❸ 玻璃马赛克　❹ 爵士白大理石　❺ 黑铁木饰面板　❻ 金箔壁纸

074

075

074 光滑的爵士白大理石，金莹剔透的水晶吊灯，贴着镂空雕花的装饰镜，再加上马赛克的肌理，餐厅空间呈现出一种波光粼粼的视觉效果。

076 吊顶的金箔壁纸在灯光的反射下显得透亮，与毛茸茸的地毯相对应，给空间带来一种舒适温暖的感觉。

075 灰色调的空间显得端庄、稳重；悬挂设计的整体电视柜下方泛出暖黄色的灯光，为卧室空间增添了温暖气息。

076

077

077 花朵壁纸成为整个空间中最抢眼的装饰，使黑白空间焕发出生机活力，这也是设计师不走寻常路的一种表现手法。

078 米色系列的不同材质运用在空间中，简单的造型在灯光映射下，传达着一种温馨的气息。一幅黑色边框红色艺术挂画的点缀成为空间的活力象征。

079 实木地板的纹理清新自然，使人的视线一直延伸至二楼，成为白色空间的极好装饰。楼梯下方设计的陈列架使空间得到最大程度的利用。

078

079

■ 主 要 装 饰 材 料

❶ 爵士白大理石　❷ 肌理壁纸　❸ 实木地板　❹ 黑镜　❺ 软包　❻ 大理石拼花

080 使用通透的玻璃作为隔断，空间显得更为宽敞。床头背景墙上黑镜拉伸出的线槽，为空间增添了层次上的变化。

081 柔美华丽的卧室空间中，窗帘的褶皱犹如水面泛起的层层涟漪，散发着平静中的动态美感。

082 顶棚的圆圈与地面的大理石拼花，采用了规则的构图方式，欧式古典的对称、沉稳感油然而生。

080

081

082

083

083 在黑色镜面和黑色金属框的陪衬下，大幅面的抽象壁画为时尚简约的空间增添了浓厚的艺术气息。

085 灰白线条相间，充斥着卫浴空间主要界面，搭配有着华丽边框的镜面，整体空间呈现出一种舒适浪漫的情怀与气息。

084 几朵银色闪亮的花朵点缀在浪漫温馨的蓝紫色墙面上，在灯光的照射下尤为动人，为空间注入些许灵动感。

084

085

❶ 米黄大理石　 ❷ 蓝紫色乳胶漆　 ❸ 条纹玻化砖　❹ 花纹壁纸　❺ 大理石镶嵌　 ❻ 爵士白大理石

086

087

086 色彩协调的卧室舒缓了主人的疲惫，墙面上"M"的规则排列在灯光的照耀下显得神秘而又跳动，产生视错觉的效果，丰富了空间的内涵。

088 大理石的自然纹理与实木护墙板巧妙结合，透露出主人向往大自然生活的情怀；内嵌式的电视机使空间的整体性更强。

087 大胆的线条分割，块面感强烈凸显，由点、线、面构成的后现代风格表现得酣畅淋漓。

088

089

090

089 空间各界面采用相同的设计手法,以黑色线条作为白色界面的装饰,尽显居室的魅力时尚。几根枯枝的点缀为空间注入了传统的艺术气息。

091 银色花纹壁纸与欧式家具搭配得恰到好处,在车边清镜的反射下,华美典雅的氛围油然而生。

090 从现代家具到落地灯,再到一幅黑白装饰画,不过是一个小场景,却能体现主人的时尚与品位。

091

❶米黄色玻化砖　❷柚木实木地板　❸车边清镜　❹棕色软包　❺木纹玻化砖　❻仿古砖　❼陶瓷马赛克

092

093

094

095

092 棕色块面协调搭配，凸显空间静谧稳重的氛围。四扇落地窗引入自然光线，让宽敞的卧室空间更显明亮。

093 在木纹玻化砖与造型简练的家具的衬托下，简约的空间中透露丝丝精致典雅的气息；两幅艺术挂画则带来了几分艺术的氛围。

094 对称式的设计，打造稳重大气的空间形象。两边的端景台造型简练，直、曲线条相互糅合，给人带来视觉上的享受。

095 陶瓷马赛克从墙面延伸至顶棚，划分区域的同时也形成了卫浴间里一条波光闪闪的装饰带，为空间增添了浓郁的时尚气息。

096 沙发背景墙上的木纹砖围绕着艺术茶镜，茶镜上的装饰线条参差不齐，犹如跳动的音符，给客厅带来跃动的活力。

097 无论是质感细腻的硬包，还是柔美的印花壁纸，都是主题墙精彩华丽的构成，再配以白色的家具，空间呈现出高贵典雅的气质。

098 墙面上充分运用了点、线、面糅合，以及黑白色彩搭配三维造型的表现形式，打造出极强的韵律感，丰富空间的视觉感受。

❶ 艺术茶镜　❷ 印花壁纸　❸ 软包　❹ 金箔壁纸　❺ 马赛克瓷砖　❻ 肌理乳胶漆

099

099 整个空间的色彩氛围洋溢着温暖的感觉，吊顶的金箔壁纸成为一处闪亮的装饰面，搭配枝形吊灯增加了空间的形式美感。

100 透过通透的玻璃隔断，整个浴室展现眼前，色彩不一的马赛克瓷砖从墙面延伸到顶面，是空间里一道美丽的风景。

101 电视背景墙面上朵朵盛开的花立体感极强，散发出朝气和活力，向着光明处生长，成为空间最有特色的装饰。

100

101

102 方格的床毯与床头背景墙面的方格软包，宛若是视觉的延伸，两相呼应，为这个素雅温馨的空间增添了视觉的层次感。

103 床头背景墙的壁纸贴面与软包凸显了色彩上的成熟稳重，艺术挂画成为墙面的点缀，打破了墙面的单调感。

104 背景墙上镜面玻璃与隔板错落有序地排列，利用重复韵律来增强门厅的空间高度感；深褐色大理石吧台从色调上增加了空间的沉稳感。

❶ 米色软包　　❷ 白榉木饰面板　　❸ 镜面玻璃　　❹ 黑胡桃木饰面板　　❺ 砖纹壁纸　　❻ 爵士白大理石　　❼ 咖啡色硬包

105

105 沙发背景墙面的凹槽形成直线，刻意做的凹槽给了墙面偶然的美丽；几幅装饰画与墙面协调统一，让人宛如看到了森林般的自然美感。

106 虽是壁纸，却比普通壁纸更具说服力，展现出自然的砖纹质感，展现了一种简约而纯洁的装饰风格。

107 爵士白大理石的自然纹理与木门上刻意的线条形成对比，柔美的曲线和硬朗的直线形成反差，让整个电视背景墙给人不一样的视觉感受。

108 咖啡色与白色是室内的主色调，彼此之间相互融合渗透，构成如牛奶巧克力般的浓浓情意。

106

107

108

109

110

109 简洁利落的米黄大理石墙面上，内嵌的黑色电视像一幅装饰画成为空间的点缀；一盏造型奇特的金属吊灯更为空间增添了个性时尚元素。

110 白色密度板在灯光下折射出波浪起伏的效果，搭配黑色的装饰画和金属壁灯，丰富了空间的层次感，营造了舒适的休息空间。

111 深色家具在米黄色调中营造出诚信稳重的工作、学习氛围，大面积窗户使室内得到阳光的充分洗礼，同时也将室外的景色融入空间。

111

■ 主 要 装 饰 材 料

❶ 米黄大理石　　❷ 密度板混油　　❸ 米黄色玻化砖　　❹ 软木地板　　❺ 素色乳胶漆　　❻ 米色玻化砖

112

112 深色家具与暗色调的处理突出了投影幕的视觉效果，对称式的墙面设计拥有丰富的层次变化，在柔和的灯光下营造出温馨大气的空间效果。

114 利用层高的优势，在空间中增加了一个夹层，护栏上不规则的木线条造型成为空间的装饰特色，也增添了层次美。

113 浅褐色的乳胶漆墙面，在灯光的照射下，散发出柔和温馨的气氛；一幅长长的黑白挂画是床头背景墙面唯一的点缀，也增添了艺术气息。

113

114

37

115

116

115 空间没有多余的装饰，只以大面积的磨砂玻璃来平衡空间的狭长感，并通过色彩的明暗变化来化解书房的沉闷，营造出安静的思考氛围。

117 造型别致的枝形吊灯以交错的白色线条成为视线的焦点，如同一股清新的风带来一丝活力气息，打破了空间的成熟与冷静。

116 墙面大量应用米黄色玻化砖，没有任何多余的装饰，只是利用材质本身的纹理和几根线条营造了干净简洁的空间效果，很好地体现了现代简约风。

117

❶ 磨砂玻璃　❷ 米黄色玻化砖　❸ 实木地板　❹ 木纹饰面板　❺ 肌理乳胶漆　❻ 木线边框

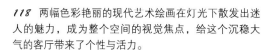

118　两幅色彩艳丽的现代艺术绘画在灯光下散发出迷人的魅力，成为整个空间的视觉焦点，给这个沉稳大气的客厅带来了个性与活力。

119　一个花蕾形的吊灯不仅具有照明效果，更为简单的空间带来装饰性，折射出的光线使这个灰白色调空间更显浪漫温馨。

120　嵌入式墙面外加黑色木线边框的处理，使墙上的挂画像是拥有了两层画框，丰富了空间的层次变化。同时暖色调的选用为空间增添了一丝温馨气息。

121

122

121 运用木线条规则有序地排列组合构成了具有韵律感的电视背景墙，同时以一种极富立体感的凹折变化呼应顶棚的处理，得到美妙的运动感。

122 米黄基调奠定了卧室空间的温馨氛围，白色衣柜的设计既完成了收纳功能，同时以简洁的线性造型丰富了空间的表情，连银质拉手也成为一种极好的装饰。

123 沙发背景墙的多层线脚与不同材质的对比，赋予空间丰富的层次变化，配上欧式家具与陈设，呈现豪华大气的空间格调。

124 凹折有致的木格栅背景墙在灯光的照射下，呈现出强烈的动感，与黑、白、灰相间的壁纸图案遥相呼应，打造个性时尚的空间氛围。

123

124

■ 主 要 装 饰 材 料

❶ 木线密排　❷ 肌理乳胶漆　❸ 茶镜　❹ 木格栅造型　❺ 硬包　❻ 印花墙布　❼ 胡桃木饰面板

125

126

125 咖啡色与白色在空间中跳跃着，共同营造了温馨舒适的休息环境。顶棚斜吊顶的处理配合着高低错落的设计，使空间富有层次变化。

127 不用精雕细琢的家具，只是利用木纹的天然纹理作装饰，地面和墙面和谐融合在一起，同样能呈现舒适雅致的空间氛围。

126 棕色印花墙布在隐藏式灯带照射下，为沙发背景墙营造出神秘浪漫的气息；一幅富有现代感的白色装饰画，提亮了空间的色调，成为视觉的焦点。

127

① 128

② 129

128 灰镜的大面积使用，有效地放大了空间感，配以一组大小不一的黑白相框，小空间也可以演绎大世界的精彩。

130 电视背景墙的半墙式设计，以及三层阶梯的抬高处理，划分功能区域的同时，也增强了空间的互动性和通透性。

129 白色弧线造型、茶色镜面马赛克、银质边框以及米黄石材的组合，构成电视背景墙上丰富的材质变化，演绎出华丽又不失现代感的生活空间。

③

130

❶ 灰镜　　❷ 镜面马赛克　　❸ 爵士白大理石　　❹ 肌理壁纸　　❺ 雕花茶镜　　❻ 花纹壁纸

131

132

131 无需复杂的装饰元素，墙面上几根简单的中式线条或是电视柜上古色古香的拉手，就能为素色的现代空间增添文化内涵，使空间具有传统的典雅格调。

132 以推拉门造型的镜面玻璃作为墙体的装饰手法，无形中拉伸了空间的深度，也形成了一幅美丽的装饰画，丰富了空间的层次。

133 看似凌乱却又有序的叶脉纹理充满了空间，在灯光与阳光的洗礼下呈现出生机勃勃的意境，生活是如此的温馨和惬意。

133

134

135

134 白影木饰面板从床头背景墙一直延伸到顶棚，曲折有致的处理手法打造了个性时尚的空间感受。几只装饰小鸟看似无规律地排列，却深藏着梦想飞翔的内涵。

135 整个空间布满了精致的花纹，搭配白色简洁的家具和淡紫色的窗帘，在灯光下营造出温馨浪漫的空间效果。

136 吊顶的简与床头背景墙的繁形成对比，细腻的曲线花纹与直线条的拼接形成对比，多种元素融合在一起打造了豪华而又内敛的空间格调。

136

❶ 白影木饰面板　　❷ 花纹壁纸　　❸ 实木拼花地板　　❹ 强化木地板　　❺ 装饰茶镜　　❻ 米黄色硬包

137

137 大量地应用光亮材质，以丰富的线性构图迎合现代年轻人的审美需求。大幅现代建筑的黑白装饰画，给予了空间时尚美感，成为空间一道亮丽风景线。

139 米黄色硬包宽窄有序地拼贴在床头背景墙上，营造了秩序的美感；一幅富有设计感的镜面装饰画，提升了空间的对比度，为空间增添了时尚气息。

138 几条斜线的切割打破了木纹砖背景的单调感，配合印有白色卷草纹的茶镜装饰和火焰造型的吊灯，营造出浓郁的时尚气息。

138

139

140 设计师巧妙地利用镂空的博古架作为空间的分隔，既延伸了视觉深度，又具有极强的装饰性，在灯光映射下渲染出稳重、舒适的客厅空间氛围。

141 抛却了繁杂的造型装饰，只有壁纸的隐约花纹诠释了卧室空间的素雅简约。造型别致的吊灯在顶棚上投射出绚丽的花纹，形成很好的装饰效果。

142 设计师巧妙地利用顶棚的造型变化，划分出客厅与厨房的功能区域，一道优美的弧线为空间增添了几分灵动感。

143 不同材质以相同的色调统一在空间中，床头背景墙以宽窄不一的线性变化搭配黑色装饰画，给卧室带入现代设计元素，空间显得温馨而雅致。

❶ 肌理漆　 ❷ 花纹壁纸　 ❸ 石膏板造型　 ❹ 肌理壁纸　 ❺ 米黄色玻化砖　 ❻ 浅木纹地板　❼ 米黄洞石

144

145

144 米黄色玻化砖将地面与墙面融为一体，在灯光下营造出温馨的空间氛围。几件黑白家具与陈设品点缀其中，更显现出空间的稳重与大气。

145 脱去繁杂的外衣，配上单纯的色彩，空间余下的是时尚、安静。一张蓝绿色沙发在简洁的空间中脱颖而出，成为空间的点睛之笔。

146 多种材质共同打造了一个金黄色调的空间，配上造型别致的水晶吊灯，使得空间更显豪华高贵。一组黑框装饰画点缀其中，丰富了空间的时尚表情。

146

147

147 车边黑镜的现代肌理，白色的镂空隔断，金属质感的交椅，金碧辉煌的大理石，多种风格的元素碰撞在一起，使空间产生了绚丽的火花。

148 电视背景墙上的条状茶镜镶嵌于大理石之间，不同材质的对比与融合形成的秩序感，是客厅中吸引眼球的亮点设计。

149 临窗设置的地台上放置着软垫，蓝灰条纹与深色木地板完美地融合在一起。黑白马赛克的玫瑰花与吊灯的红色火焰，为空间增添了更多的个性色彩。

148

149

❶ 车边黑镜　　❷ 茶镜　　❸ 马赛克装饰画　　❹ 肌理壁纸　　❺ 石膏板拓缝　　❻ 木纹大理石

150 将国粹皮影戏进行艺术再创造，运用在沙发背景墙上，反映了设计师对传统文化的独特理解，赋予空间极具个性的艺术气息。

151 以米黄色为基调，黑白家具为点缀，构建了一个温暖舒适的卧室空间。带有古典韵味的床搭配靠枕点缀其中，成为空间的一个亮点。

152 几条嵌入式灯带有序地排列在电视背景墙上，使自然的木纹大理石焕发出时尚的魅力，整个空间洋溢着温馨的氛围。

153 大面积的落地窗带来充足的阳光，使米黄色调的空间更显温馨。黑白装饰画和抽象地毯的点缀，配以现代皮质沙发，呈现出强烈的现代感。

154 干净利落的白色空间中，一盏吊灯给简洁明亮的空间赋予华丽色彩，搭配深色木质家具与地毯，使空间更显沉稳。

155 大幅面的中花白大理石铺饰电视背景墙，独特的纹理拼接出一幅天然的水墨画卷，为现代时尚的客厅增添了传统气息。

❶ 木纹大理石　❷ 米色玻化砖　❸ 中花白大理石　❹ 米黄大理石　❺ 玻璃马赛克　❻ 实木地板　❼ 花纹壁纸

156

157

158

159

156 暖色调的不同材质搭配暖黄色的灯光，营造了温馨的家居氛围。一个插满枯枝的金属花瓶，在空间中渲染出艺术气息。

157 棕色软包中镶嵌的玻璃马赛克给墙面带来了质感的变化，造型独特的吊灯折射出梦幻般的光影效果。

158 白色吊顶与电视背景墙融为一体，方正整齐的分割处理，散落出均匀的光线，犹如来自户外的自然天光，演绎出朴实、温馨的生活空间。

159 金色壁纸上浪漫的花纹布满了整个空间，营造了高贵典雅的欧式格调。太阳造型的饰品点缀其中，增添了些许华丽气息。

160 大花白大理石与黑镜构成的电视背景墙，搭配现代感十足的家具与陈设品，经典的黑与白共同谱写一曲时尚乐章。

161 造型简洁的顶棚上，一盏朴素的花形吊灯折射出隐隐约约的暖色情调，营造了舒适、温馨的卧室空间氛围。

162 艺术玻璃制作的屏风以黑色边框与背景墙形成统一，划分功能空间的同时也以独特的波浪纹肌理丰富了空间的表情。

❶ 大花白大理石

❷ 黑胡桃木饰面板

❸ 艺术玻璃

❹ 实木地板

❺ 灰色肌理壁纸

❻ 茶镜

163 木质纹理与暖色调营造了温馨的居室氛围，艺术玻璃的点缀像是一幅嵌入的风景画，成为空间最独特的设计。

164 大面积的白色，以相似的凹凸边框造型，将墙体、柜体和门统一成为一个整体，营造了端庄典雅的空间氛围。

165 干净整洁的空间中，顶棚的处理尤具特色，几根线条和茶镜的交错丰富了空间的细节，真正诠释了现代简约风格"少就是多"的精髓。

163

164

165

① 166

② 167

③ 168

166 墙面细腻的肌理变化丰富了空间的表情，咖啡色的点缀调和了黑白灰的单调，增添了一种沉稳而又神秘的视觉感受。

167 设计师大胆地采用全透明玻璃作墙面的手法，将卫生间的一切暴露出来，拉伸空间的同时也形成了一幅别致的画面。

168 整个空间以灰色调为主，中性色彩与细腻的肌理感营造了雅致的空间效果。高明度的黑与白点缀其中，更添时尚气息。

❶ 肌理壁纸　❷ 红橡木饰面板　❸ 灰色肌理漆　❹ 黑镜　❺ 黑色玻化砖　❻ 花纹壁纸　❼ 白桦木饰面板

169 爵士白大理石与黑镜构成的电视背景墙，搭配现代感十足的家具与陈设，经典的黑与白共同谱写一曲时尚乐章。

170 从餐厅延伸至客厅的黑色玻化砖，以不规则的线状分割打破了传统的处理方式，增强了客厅与餐厅的联系，也给予了空间个性化色彩。

171 床头背景墙延伸至顶面划分出休息区域，色彩艳丽的艺术挂画在草绿色背景下格外醒目，构成一道美丽的风景线。

172 整体衣柜的设计具有强大的收纳功能，同时将电视机、梳妆台等一应囊括其中，避免了繁杂的视觉效果，使花纹壁纸打造的浪漫空间显得整洁大方。

169

170

171

172

173

174

173 内嵌式的电视柜大大地节省空间，并为白色墙面添加了温馨的色彩，整个空间呈现出统一的柔和质感。

175 深浅不一的实木饰面板拼贴成的沙发背景墙，以清晰的纹理变化成为空间中一道优美的风景，为干净明亮的黑白灰空间注入自然的气息。

174 茶镜上白色的花朵卷曲着，成为视线的一大焦点。同时以虚幻的效果将空间进行了延伸，营造了沉稳又不失变化的客厅空间。

175

❶ 米黄色肌理漆　❷ 印花茶镜　❸ 实木饰面板　❹ 爵士白大理石　❺ 黑镜　❻ 木纹饰面板

176

176 深色的皮质家具在暖黄的色调中跳跃出来，与爵士白大理石电视背景墙形成对比，给人以视觉上的现代美感。

177 设计师以"线"诠释空间，无论是墙面的直线切割，还是吊顶的柔美曲线，都彰显出室内空间的时尚与大气。

178 电视背景墙的木纹饰面板与沙发背景墙的镜面遥相呼应，以带状构图拉伸了空间。几处绿植的点缀和鱼缸里游动的热带鱼，为空间增添了许多生机与活力。

177

178

179

179 雅士白大理石以大小不同的规格拼贴在电视背景墙上，形成了具有韵律感的空间感受。镜面的镶嵌点缀更增添了冰清冷静的效果。

180 米黄色墙面以线性分割与斑马纹边框构成整体，搭配一幅黑白装饰画，营造了温馨而又不失现代时尚感的卧室空间。

181 整个空间黑、白、灰相间，色彩沉稳，营造了一种安静舒适的环境。淡紫色的点缀丰富了墙面色彩，也是空间的一大亮点。

180

181

■ 主要装饰材料

 ① 雅士白大理石　 ② 米黄色肌理漆　 ③ 淡紫色硬包　 ④ 黑镜　 ⑤ 镜面玻璃　 ⑥ 布纹壁纸　⑦ 文化石

182

183

184

182 吊灯独特的造型，餐桌规则的线性构图，枯树伸张着的枝条，一切的一切都被黑镜容纳其中，营造了安静的空间氛围。

184 松球吊灯像一朵盛开的花朵，在空间投射下美丽的光影。暖黄色的灯光配以布纹壁纸的细腻肌理，给人以温馨雅致的视觉感受。

183 没有复杂的造型，只靠花纹壁纸就营造了一个浪漫温馨的卧室空间。镜面玻璃的处理将空间映射其中，像一幅缤纷的画卷为空间增添了时尚感。

185 用文化石作为电视背景墙装饰，粗糙的肌理和纯朴的色彩，带来返璞归真的效果。金灿灿的油画与之相呼应，混搭出轻松自然的空间感受。

185

186

187

186 利用干净利落的折线穿梭在顶棚上，同时与背景墙的凹折有着相互呼应的效果，创造了一个具有现代美学感受的独特空间。

187 床头背景墙肌理墙布的颜色是实木地板色彩的延伸，利用纤细的线条分割出线面的视觉感受，在很大程度上丰富了空间的细节。

188 利用半高的矮墙来划分客厅与餐厅的功能区域，搭配黑、白、灰的现代家具，空间显得宽敞、明亮。

188

❶ 手绘画　　❷ 肌理墙布　　❸ 木纹砖　　❹ 玻化砖　　❺ 条纹壁纸　　❻ 雕花烤漆玻璃

189

189　做旧处理的灰色墙面、黑白相间的格纹地毯，以及色彩艳丽的装饰画，设计师大胆选用有些另类的艺术陈设，使空间具有别具一格的效果。

191　整体衣柜为卧室空间提供强大的收纳功能的同时，也凭着白色百叶线条与雕花烤漆玻璃的搭配，成为一道美丽的装饰。

190　具有凹凸质感的床头背景墙一直延伸到顶棚，在灯光的照射下呈现出强烈的三维视觉效果，配上蓝紫色的灯光与圆床，空间流露出独特、浪漫的气息。

190

191

192

193

194

192 直线条与深灰色系打造了沉稳大气的客厅空间，一幅红色艺术挂画的点缀瞬时激发出整个客厅的活力，赋予空间多变的面貌。

193 利用黑、白、灰的处理手法，描绘出成熟、稳重的画面；白色的雪弗板镂空雕花隔断很好地起到遮挡视线的作用且富有装饰效果。

194 仅仅是运用几幅简单的黑白装饰画装饰墙面，配上现代皮艺家具，就使空间呈现出强烈的现代美感。

■ 主 要 装 饰 材 料

❶ 灰色肌理壁纸　❷ 雪弗板镂空雕花　❸ 木纹大理石　❹ 花纹壁纸　❺ 米黄大理石　❻ 软包　❼ 米色玻化砖

195

196

197

195 床头背景墙上整齐排列的白色装饰框打破了花纹壁纸的柔美与细腻，搭配鳄鱼皮革贴面的床头柜，演绎出富有个性的时尚美感。

196 沙发背景墙上浅灰色的花纹有秩序地排列着，与洛可可风格家具相互呼应，营造了华丽富贵的古典气质。

197 进入色调淡雅的空间，得到的第一感觉就是线的构成。无论是木纹砖的横向肌理还是软包的线状分割，再加上矩形吊顶线的表现，无不拉伸了空间的深度感。

198 阳光从大面积的窗户洒进，开敞的处理方式使空间格外明亮。简洁的造型和沉稳的色调，却因一盏精致的圆形吊灯而显得华丽起来。

198

199

200

199 精致的花纹壁纸搭配着皮质沙发组合，一盏水晶吊灯泛射着柔和的灯光，给人舒适、华丽的空间感受。

201 黑白为背景的空间中，流线型的墙面设计以及跳跃的红色透露着现代时尚气息，表现了主人追求个性的独特品味。

200 多层白色线脚、金色花纹壁纸以及摇曳的水晶吊灯共同营造了华美的卧室空间；黑镜与软包的材质对比，赋予空间多变的层次感。

201

■ 主要装饰材料

❶ 花纹壁纸

❷ 石膏顶角线

❸ 黑镜

❹ 拼花实木地板

❺ 亚克力板

❻ 木纹饰面板

202

202 拼花实木地板的台阶式处理，使空间具有更好的视听效果。暗藏灯带的设计与黑色的边框处理，保证了空间的安全性。

204 嵌入式电视背景墙的竖向线条有着规律的起伏变化，赋予空间极强的律动感；与隐藏门的天然木纹纵横交错，创造出更多的层次与变化。

203 整体衣柜的设计具有强大的收纳功能，使素色空间更显洁净。镜面的运用满足梳妆台的功能，同时也打造了很好的景深效果。

203

204

205

206

207

205 实木地板的天然纹理从地面延伸至顶棚，在卧室中划分出一个休息区域，独特的处理方式完美诠释了现代简约风格与自然风格的融合。

206 隐藏门的设计加上木纹饰面板的横向纹理，拉伸了空间的宽度；白色家具与陈设的点缀更为空间增添了艺术气息。

207 整体设计的实木柜隐藏了强大的收纳功能，而花纹壁纸的映衬以及个性化家具的选用，又避免了柜体的单调感，使空间更加具有灵动性。

208 大幅面的砖墙扫白与黑色实木边框构成的电视背景墙，具有强烈的质感对比，沉稳大气又不失自然气息。

208

■ 主 要 装 饰 材 料

❶ 实木地板　　❷ 木纹饰面板　　❸ 花纹壁纸　　❹ 砖墙扫白　　❺ 文化石　　❻ 粉紫色乳胶漆　　❼ 条纹壁纸

209 橙黄色的椅子在稳重的咖啡色调中跳脱而出，成为空间的亮点，反映了主人沉稳大气却又不失时尚感的独特品位。

211 用大小不一的黑镜构成一组画面，与嵌入式电视遥相呼应，不仅具有装饰的效果，同时通过映射的作用拉伸了空间的宽度。

210 粉紫色给人一种浪漫、神秘的视觉感受，配上白色的纯净、清新，演绎一种少女情怀。

212

213

214

212 白色磨砂玻璃装饰的背景墙上，嵌入式电视像一幅黑色的装饰画点缀着空间，黑与白的对比使温馨浪漫的空间流露出强烈的时尚感。

213 白色皮革床品在浅黄色肌理壁纸的映衬下凸显了卧室空间的华丽，紫色窗帘的选用进一步表达出浪漫、神秘的美感。

214 黑镜像一条腰线一直延伸到衣柜处，为金色空间增添了一抹现代气息，不同材质的对比更能体现出业主对质感生活的追求。

❶ 磨砂玻璃　❷ 肌理壁纸　❸ 黑镜　❹ 米黄色乳胶漆　❺ 冰裂纹黑镜　❻ 木纹玻化砖

215

216

215 白色与米黄色营造了温馨浪漫的卧室空间，小面积的黑色点缀丰富了空间色彩，同时也增添了些许时尚气息。

217 金属边框镶嵌的大小不一的圆镜，在背景墙上不规则地组合在一起，看似凌乱随意却又紧密相连，成为了空间的一处点睛之笔。

216 无论是白色雕花隔断，还是大面积的冰裂纹黑镜，设计师巧妙地利用软性分隔的方式有效地拉伸了空间感，营造出舒适、整洁的客厅气氛。

217

218 对称式设计的黑镜，黑、白、灰的家具陈设，使米黄为主色调的空间更加沉稳大气，折射出主人的品质生活。

219 通透的玻璃栏板被虚化了，只剩下黑色的线条在空间中穿梭，为黄花玉大理石与米色玻化砖共同营造的高贵空间增添了时尚气息。

❶黑镜

❷黄花玉大理石

❸仿古砖

❹镜面马赛克

❺仿古实木地板

❻花纹壁纸

220 简洁的线条贯穿整个空间,弧形的吊顶与台面造型相呼应,在灯光的照射和玫瑰花饰品的相伴中,营造出温馨、浪漫的格调。

221 镜面马赛克像一条金色的腰带镶嵌在床头背景墙上,不同材质的对比是空间的点睛之笔,使线形构图的空间产生了灵动感。

222 米黄色肌理壁纸与仿古实木地板打造出温馨的卧室空间,单纯的黑与白搭配,展示了一种舒适、放松的"慢生活"状态。

223 在简洁的素色空间里,以深灰色为底烙印银色花纹的壁纸,丰富了空间的细节;而黑色边框的艺术挂画以亮丽的色彩吸引了人们的视线。

221

222

220

223

图书在版编目（CIP）数据

家装精品快递.时尚简约风/叶斌编著. —— 福州：
福建科学技术出版社, 2014.10
ISBN 978-7-5335-4637-3

Ⅰ.①家… Ⅱ.①叶… Ⅲ.①住宅－室内装饰设计－
图集 Ⅳ.①TU241-64

中国版本图书馆CIP数据核字（2014）第217689号

书　　名　家装精品快递·时尚简约风
编　　著　叶斌
出版发行　海峡出版发行集团
　　　　　福建科学技术出版社
社　　址　福州市东水路76号（邮编350001）
网　　址　www.fjstp.com
经　　销　福建新华发行（集团）有限责任公司
印　　刷　福建彩色印刷有限公司
开　　本　889毫米×1194毫米　1/16
印　　张　4.5
图　　文　72码
版　　次　2014年10月第1版
印　　次　2014年10月第1次印刷
书　　号　ISBN 978-7-5335-4637-3
定　　价　28.80元
　　　　书中如有印装质量问题，可直接向本社调换